技工院校信息类专业工学一体化教材
技工院校计算机程序设计专业教材（中／高级技能层级）

Windows网络操作系统

习题册

赵一箦／主编

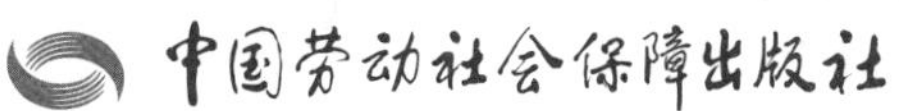

简介

本习题册是技工院校信息类专业工学一体化教材、技工院校计算机程序设计专业教材（中/高级技能层级）《Windows 网络操作系统》的配套用书。习题册内容紧扣教材的教学要求，注重基础知识的巩固和基本能力的培养，知识点分布均衡，题型丰富，难易适当，有助于学生复习巩固所学知识。

本习题册由赵一箦担任主编，吴风乐参与编写。

图书在版编目（CIP）数据

Windows 网络操作系统习题册 / 赵一箦主编 .

北京：中国劳动社会保障出版社，2025. --（技工院校信息类专业工学一体化教材）（技工院校计算机程序设计专业教材）. -- ISBN 978-7-5167-6929-4

Ⅰ. TP316.7-44

中国国家版本馆 CIP 数据核字第 2025SC8466 号

中国劳动社会保障出版社出版发行

（北京市惠新东街 1 号　邮政编码：100029）

*

北京市鑫霸印务有限公司印刷装订　　新华书店经销

787 毫米 ×1092 毫米　16 开本　6.25 印张　118 千字

2025 年 4 月第 1 版　　2025 年 4 月第 1 次印刷

定价：15.00 元

营销中心电话：400-606-6496

出版社网址：https://www.class.com.cn

https://jg.class.com.cn

目 录

项目一　Windows 网络操作系统的安装与配置

任务 1　Windows 网络操作系统的安装

一、填空题

1. 服务器和普通计算机基本架构类似，服务器硬件主要包括____________、________、________、I/O 设备（RAID 卡、网卡、HBA 卡）、________和机箱（电源、风扇）等。

2. 常用的网络操作系统主要有________、________、__________三个系列。

3. 针对不同的用户，Windows Server 2022 网络操作系统目前共有 3 个版本，分别是____________、____________和____________。

4. Windows Server 2022 网络操作系统的内置系统管理员账户名为_______________。

5. 进入系统登录窗口后，根据系统提示，应按__________________键登录系统。

6. 在设备管理中，如果某一硬件设备上的图标上有“×”标记，表示______________。

二、选择题

1. (　　) 操作系统不属于网络操作系统。

A. Windows Server 2016　　B. UNIX

C. Linux　　D. Windows 10

2. (　　) 是部分开放源代码的网络操作系统。

A. Windows Server 2022

B. Linux

C. Windows Server 2016

D. UNIX

3. 利用 Windows Server 2022 网络操作系统的 (　　) 可以查看当前硬件驱动是否安装正常。

A. 磁盘管理器　　B. 设备管理器

C. 资源管理器　　D. 任务管理器

三、判断题

1. 在 Windows XP、Windows 2000 Professional、Windows 7 等操作系统中可以建立用户并进行用户管理及用户权限管理，因此它们也可以称为网络操作系统。 （　　）

2. 安装有网络操作系统的计算机在网络中被称为服务器，它们不能作为客户端来使用。 （　　）

3. Windows Server 2022 操作系统是网络操作系统，安装该系统的计算机既可以作为服务器，也可以作为客户端。 （　　）

四、名词解释题

1. 服务器

2. 网络操作系统

五、简答题

1. 服务器与普通计算机的主要区别有哪些？

2. 网络操作系统有哪些基本功能?

六、技能操作题

试着在一台服务器上采用 Desktop Experience 模式安装 Windows Server 2022 网络操作系统，并完成硬件驱动程序的安装。写出简要的操作步骤。

任务 2 Windows 网络操作系统的基础设置

一、填空题

1. ________是指用于区别计算机的名称。

2. 默认情况下所有计算机都处在名为__________的工作组中。

3. TCP 协议规定每个 TCP 连接都有唯一的________和________组合来标识发送和接收的端点。

4. IP 协议给因特网上的每台计算机和其他设备都规定了唯一的地址，称为________。

5. IPv4 协议的 IP 地址是一个_____位的二进制数，IP 地址可分为两部分，即______和______。

二、选择题

1. 在因特网中，（　　）地址保证了用户在联网的计算机上操作时，能够高效且方便地从千千万万台计算机中选出自己所需的对象。

A. LLC　　B. MAC

C. IP　　D. IPX

2. 以下 IP 地址中，不属于同一个子网的是（　　）。

A. 192.168.100.100/255.255.255.0

B. 192.168.100.200/255.255.255.0

C. 192.168.100.110/255.255.255.0

D. 192.168.200.200/255.255.255.0

3. 192.168.1.255/255.255.255.0 是（　　）地址。

A. 主机　　B. 网络　　C. 组播　　D. 广播

4. TCP 协议通过（　　）来区分不同的连接。

A. IP 地址　　B. 端口号

C. IP 地址 + 端口号　　D. 以上选项均不对

5. 某公司内网的网段为 192.168.100.0/255.255.255.0，则其中最多能包含（　　）台主机。

A. 254　　B. 65 000

C. 255　　D. 16 000

三、名词解释题

1. TCP 协议

2. IP 协议

3. 子网掩码

四、简答题

1. TCP 协议提供了哪些重要功能？

2. 为什么需要定期更新操作系统?

五、技能操作题

将服务器计算机名修改为 GS，工作组名修改为 GROUP，设置 IP 地址为 192.168.100.100，子网掩码为 255.255.255.0，并启用专用网络防火墙服务。写出简要的操作步骤。

任务 3　Windows 网络操作系统的备份和恢复

一、填空题

1. Windows Server 备份机制提供了__________和__________两种主要备份方式。

2. Windows Server 还原机制具有强大的恢复功能，用户可以通过备份恢复向导，选择相应的________和__________，进行数据的还原操作。

3. Windows Server 在恢复过程中，用户可以根据实际需要选择____________、______、__________和__________等不同的恢复内容。

二、名词解释题

1. Windows Server 备份机制

2. 完整备份

3. 增量备份

三、简答题

简述 Windows Server 备份机制提供的两种主要备份方式之间的区别。

四、技能操作题

某公司需要对 Windows Server 2022 网络操作系统进行备份操作，计划于每周五 22：30 系统自动进行完整备份。完成相关配置，并立刻进行完整备份一次，完成备份后，使用该备份恢复系统状态。写出简要的操作步骤。

项目二　本地账户和本地组的创建与管理

任务 1　本地账户的创建与管理

一、填空题

1. 本地账户数据存储在本地计算机上的________________________文件内。

2. Windows Server 2022 网络操作系统会为每一个用户账户建立一个唯一的__________。

3. 在 Windows Server 2022 网络操作系统的服务器上，____________账户可以完全控制本地计算机上的文件、目录、服务和其他资源。

二、选择题

1. 为了保护系统安全，（　　）账户一般应禁用。

A. User　　B. Administrator

C. Guest　　D. DefaultAccount

2. 根据 Windows Server 2022 网络操作系统的账户命名规则，（　　）不能作为账户名使用。

A. Abcabc　　B. 123456

C. Abc123　　D. ABC+12

3. 根据 Windows Server 2022 网络操作系统的账户密码规则，当启用密码复杂性要求时，（　　）可以作为账户密码使用。

A. abc123　　B. 123456

C. Abc123　　D. abcdef

4. 在本地计算机上，可以使用管理工具中的（　　）工具来管理用户和组。

A. 计算机管理　　B. 资源管理器

C. 服务　　D. 磁盘管理

5. 某公司某员工请病假半年，这时管理员最好（　　）该员工的用户账户。

A. 删除　　B. 关闭

C. 禁用　　D. 不处理

三、判断题

1. 一个用户账户只能被一个人使用，无法被多人同时使用。（　　）

2. 一个用户可以同时拥有多个用户账户。（　　）

3. 内置的用户账户可以被删除。（　　）

4. Guest（来宾）账户是供用户临时访问本台计算机所使用的用户账户。（　　）

5. 每一个用户账户都拥有唯一的安全标识符（Security Identifier，简称 SID），是在创建用户账户时由系统管理员手动分配的。（　　）

四、名词解释题

1. 用户账户

2. 密码复杂性要求

五、简答题

Windows Server 2022 网络操作系统的账户命名规则是什么？

六、技能操作题

1. 使用图形界面创建账户 user1，并设置密码为 Abc123，然后删除该账户。写出简要的操作步骤。

2. 使用命令行创建账户 user2，并设置密码为 Def456，然后删除该账户。写出简要的操作步骤。

任务 2　本地组的创建与管理

一、填空题

1. Windows Server 2022 网络操作系统的组是对用户账户进行管理的一种__________。

2. ____________组的成员对计算机有不受限制的完全访问权。

3. 只有______________组和______________组成员才有权创建本地组。

二、选择题

1. 以下关于组账户的描述中，不正确的是（　　）。

A. 一个组中可以根据需要包含多个用户账户

B. 如果给一个组分配了某项权限或权利，那么该组中的所有成员都将继承这些权限或权利

C. 每个用户只能加入一个组

D. 当用户从组中被删除时，它们仍然在系统中拥有一个账户，但是与组相关的权限不再有效

2. 根据 Windows Server 2022 网络操作系统的组命名规则，（　　）是不能作为组名使用的。

A. Abcabc　　B. cde?12　　C. Abc123　　D. 654321

3.（　　）组代表所有当前网络的用户，包括来自其他域的来宾和用户。

A. Everyone　　B. Users　　C. Power Users　　D. Guests

三、判断题

1. 使用组账户的主要目的是简化为用户分配权限和权利的管理工作。（　　）

2. 将某个用户账户加入某个组后，未经配置，该用户账户不会拥有与这个组相同的权限和权利。（　　）

3. Guests 是系统内置的本地组账户。（　　）

4. 当从组中删除一个用户账户后，该用户账户的组成员关系不会立刻发生改变，只有在用户账户下一次成功登录后这种组成员关系的变动才会生效。（　　）

5. 不能删除计算机中内置的组账户。（　　）

6. 用户可以使用一个组账户进行登录。（　　）

四、简答题

Windows Server 2022 网络操作系统的组命名规则是什么？

五、技能操作题

1. 使用图形界面创建组 ceshi1，并创建账户 user3（密码设为 Ger456）和 user4（密码设为 Zxt232），将账户 user3 和 user4 分别分配到组 ceshi1 和组 Administrators 中。写出简要的操作步骤。

2. 使用命令行创建组 ceshi2，并创建账户 user5（密码设为 Ffd565）和 user6（密码设为 Hdf565），将账户 user5 和 user6 分配到组 ceshi2 中，再把 user5 从组 ceshi2 中删除。写出简要的操作步骤。

任务 3　本地账户和本地组的安全管理

一、填空题

1. 为了保证登录计算机的账户安全性，本地管理员可以通过设置“本地安全策略”中的__________和____________来保证其安全。

2. 密码策略中的______________安全设置确定了用户账户密码可以包含的最少字符数。

3. 为了确保用户设置新密码时不能使用旧密码，需修改密码策略中的____________安全设置。

4. 账户锁定策略中的____________安全设置确定了锁定账户在自动解锁之前保持锁定的分钟数。

二、选择题

1. 为了保护账户密码安全，要求新建账户密码不低于 8 位，应该修改密码策略中的（　　）安全设置。

A. 密码复杂性要求　　B. 强制密码历史

C. 密码最短使用期限　　D. 密码长度最小值

2. 为了保护账户密码安全，要求账户密码使用达 10 天后必须更换，应该修改密码策略中的（　　）安全设置。

A. 密码最长使用期限　　B. 强制密码历史

C. 密码最短使用期限　　D. 密码长度最小值

3. 为了保护账户密码安全，要求账户密码设置后超过 6 天才可以更换，应该修改密码策略中的（　　）安全设置。

A. 密码最长使用期限　　B. 强制密码历史

C. 密码最短使用期限　　D. 密码长度最小值

4. 为了保证账户登录的安全，要求账户密码输错 3 次后将账户锁定，应该修改账户锁定策略中的（　　）安全设置。

A. 账户锁定时间　　B. 账户锁定阈值

C. 重置账户锁定计数器　　D. 以上选项都不对

5. 当密码策略中的密码长度最小值设置为 0，同时密码复杂性为启用状态时，该密码长度最少应为（　　）位。

A. 6　　B. 8　　C. 0　　D. 4

6. 账户锁定策略中的账户锁定时间设置为 0 时，用户多次输入错误密码后，系统会（　　）。

A. 不锁定

B. 随机锁定

C. 锁定，直到管理员明确解除对它的锁定

D. 以上选项都不对

三、简答题

如何设置安全的账户密码？

四、技能操作题

根据公司安全性要求，现需按以下要求设置密码策略：每个员工账户密码要符合复杂性要求，密码长度不少于 10 个字符且不能使用前 3 次的旧密码，密码使用满 30 天必须更改，登录时输错密码 5 次将锁定账户 100 min。为了防止管理员密码流失，为管理员账户制作密码重置盘。写出简要的操作步骤。

项目三　磁盘系统的管理

任务 1　基本磁盘的管理

一、填空题

1. Windows 操作系统将磁盘分为基本磁盘和__________两种类型，基本磁盘中的分区又分为________和扩展分区两种类型。

2. 计算机启动时，MBR 磁盘或 GPT 磁盘内的程序代码会到活动的__________内读取与运行______________，然后将控制权交给此______________来启动相关的__________。

3. 一个 GPT 磁盘可以创建______个主分区。

4. 某采用 Windows Server 2022 网络操作系统的服务器新安装了一个硬盘后，必须在磁盘管理中完成______________，才能对硬盘进行下一步操作。

二、选择题

1. 对于 MBR 磁盘，一个基本磁盘上最多有（　　）个主分区。

A. 1　　B. 2　　C. 3　　D. 4

2. 对于 MBR 磁盘，一个基本磁盘上最多有（　　）个扩展分区。

A. 1　　B. 2　　C. 3　　D. 4

3. 基本磁盘管理中，扩展分区不能设置具体驱动器盘符直接使用，必须将其划分（　　）后才可以使用。

A. 格式化　　B. 卷　　C. 主分区　　D. 逻辑驱动器

三、名词解释题

1. 主分区

2. 扩展分区

四、简答题

1. MBR 磁盘可以创建多少个主分区？多少个扩展分区？

2. GPT 磁盘可以创建多少个主分区？多少个扩展分区？

五、技能操作题

为满足公司管理要求，现需对公司服务器新安装的硬盘（60 GB）进行初始化，设为 MBR 磁盘并进行分区，将硬盘划分为 2 个主分区（每个主分区约 10 GB）和 1 个扩展分区，再将扩展分区划分为 4 个逻辑分区（每个逻辑分区约 10 GB）。写出简要的操作步骤。

任务 2 动态磁盘的管理

一、填空题

1. 动态磁盘支持多种类型的动态卷，包含简单卷、__________、带区卷、镜像卷和 RAID-5 卷。

2. ________是动态卷中的基本单位，它的地位与基本磁盘中的主分区类似。

3. 某服务器使用 5 块硬盘组成 RAID-5 卷，则该服务器磁盘空间有效利用率为________。

4. 如果要建立简单卷的空间不能满足需求，可将邻近的未指派空间加入该简单卷中，这称为__________。

二、选择题

1. Windows Server 2022 网络操作系统支持动态磁盘，以下关于动态磁盘的说法中正确的是（　　）。

A. 跨区卷可以把多个磁盘空间组合起来

B. 跨区卷的特点之一是读写速度快

C. 镜像卷的磁盘利用率为 100%

D. RAID-5 卷的磁盘利用率为 50%

2. 以下动态磁盘卷类型中，磁盘性能最好的是（　　）卷。

A. 简单　　B. 带区　　C. 镜像　　D. RAID-5

3. 一台服务器有两块物理硬盘，为了确保硬盘数据的安全性，可采用（　　）卷。

A. 简单　　B. 带区　　C. 镜像　　D. RAID-5

4. 在 Windows Server 2022 网络操作系统的动态磁盘类型中，具有容错能力的是（　　）。

A. 简单卷、镜像卷　　B. 带区卷、RAID-5 卷

C. 镜像卷、带区卷　　D. RAID-5 卷、镜像卷

5. 镜像卷的磁盘利用率为（　　）。

A. 20%　　B. 50%　　C. 60%　　D. 80%

6. 下面 4 种卷中，既能保证存储数据的安全性，磁盘利用率又较高的是（　　）卷。

A. 简单　　B. 镜像　　C. 带区　　D. RAID-5

三、判断题

1. 配置动态磁盘时，可以创建卷而不是分区。（　　）
2. 跨区卷上的数据可交替而均匀地分配给每个物理磁盘。（　　）
3. 带区卷不具有容错能力。（　　）
4. 镜像卷由两个物理磁盘上的相同大小的可用磁盘空间组成，具有容错能力。（　　）
5. RAID-5 卷将 3 个或 3 个以上物理磁盘上的相同大小的可用磁盘空间创建成为一个卷。（　　）

四、名词解释题

1. 跨区卷

2. 镜像卷

3. RAID-5 卷

五、简答题

1. 基本磁盘和动态磁盘有哪些区别?

2. 为什么带区卷比跨区卷具有更好的性能?

3. 采用 RAID-5 卷的动态磁盘发生故障时，是如何恢复数据的?

六、技能操作题

1. 一台服务器原有一个硬盘，容量为 100 GB，已经转为动态磁盘的简单卷，现因空间不足，需新增加一个硬盘来扩展原有的基本卷。写出简要的操作步骤。

2. 一台服务器新扩展了 4 个硬盘，为了提高性能并兼顾安全性，现需将这 4 个硬盘组成 RAID–5 卷。写出简要的操作步骤。

任务 3　磁盘配额的管理

一、填空题

1. 磁盘配额的管理对象是______________而不是各个物理磁盘。
2. 磁盘配置无法对________类型的账户进行限制。
3. 用户使用的磁盘空间超过警告等级时，系统会在____________________中记录该事件。

二、选择题

1. 要启用磁盘配额管理，Windows Server 2022 网络操作系统中的驱动器必须使用（　　）文件系统。

A. FAT16 或 FAT32　　B. NTFS

C. NTFS 或 FAT32　　D. FAT32

2. 以下关于磁盘配额的说法中，正确的是（　　）。

A. 只有 Administrators 组的用户有权启用磁盘配额，且该组用户不受磁盘配额的限制

B. 只有 Users 组的用户有权启用磁盘配额，Administrators 组的用户不受磁盘配额的限制

C. 只有 Administrators 组的用户有权启用磁盘配额，Guests 组的用户不受磁盘配额的限制

D. 只有 Everyone 组的用户有权启用磁盘配额，Administrators 组的用户不受磁盘配额的限制

3. Windows Server 2022 网络操作系统中的磁盘配额能实现（　　）的功能。

A. 限制用户对某一 FAT 分区的某一文件夹的使用空间

B. 限制用户对某一 NTFS 分区的某一文件夹的使用空间

C. 根据目录名限制用户对某一 NTFS 分区的使用空间

D. 根据用户名限制用户对某一 NTFS 分区的使用空间

4. 通过使用磁盘配额，Windows Server 2022 网络操作系统的系统管理员可以（　　）。

A. 设置磁盘配额限制，每个用户使用指定大小的磁盘空间

B. 设置磁盘配额警告，在用户所使用的磁盘空间接近所限制容量时发出警告

C. 设置磁盘配额限制，当用户所使用的磁盘空间超过限额时禁止其访问

D. 以上选项都对

三、名词解释题

磁盘配额

四、技能操作题

1. 在一台服务器的本地磁盘 C 盘上启用磁盘配额管理，要求设置完成后，配额状态是“磁盘配额系统正在使用中”，并且能拒绝将磁盘空间分配给超过配额限制的用户，新用户磁盘空间限制为 800 MB，警告等级为 700 MB。写出简要的操作步骤。

2. 对一台服务器上的用户 Zs 设置磁盘配额，大小为 550 MB，磁盘配额警告等级设为 500 MB。设置完成后，使用 Zs 登录系统测试磁盘配额设置状态。写出简要的操作步骤。

项目四 文件系统的管理及资源共享

任务 1 文件系统的管理

一、填空题

1. 在各个版本的 Windows 操作系统中，较为常见的文件系统有________、________和________等。

2. FAT16 卷最大可达______，单个文件最大可达______。

3. 相比 FAT16，FAT32 能够处理更大的磁盘空间，卷最大可达______，单个文件最大可达______。

4. 在同一 NTFS 分区上将文件移动到新文件夹，在权限上，该文件夹将____________。

5. 如果用户对文件拥有“读取”权限，该用户所属的组又对该文件拥有“写入”权限，那么该用户就对该文件拥有____________的权限。

二、选择题

1. 能够保证文件和文件夹安全性的文件系统是（　　）。

A. FAT16　　B. FAT32

C. NTFS　　D. 简单卷

2. 在 NTFS 文件系统中，如果用户要删除某个文件，他需要对此文件至少拥有（　　）权限。

A. 读取　　B. 写入　　C. 修改　　D. 完全控制

3.（　　）权限不是 NTFS 文件系统的标准访问权限。

A. 读取及运行　　B. 写入　　C. 修改　　D. 取得所有权

4. 如果用户需要重命名一个文件夹，他需要对此文件夹至少拥有（　　）权限。

A. 列出文件夹目录　　B. 写入

C. 修改　　D. 更改

5. 目录的“可读”意味着（　　）。

A. 可在该目录下建立文件

B. 可从该目录中删除文件

C. 可以从一个目录转到另一个目录

D. 可以查看该目录下的文件

6.（　　）不属于 NTFS 权限。

A. 读取　　B. 写入　　C. 修改　　D. 创建

7. 本地用户账户 User1 是组 Group1 和组 Group2 的成员。在某 NTFS 分区的文件夹 Folder1 下有一文件 File1，其 NTFS 权限设置为“Everyone，读取权限；Group1，允许写入；Group2，允许修改”，则 User1 对文件 File1 的访问权限为（　　）。

A. 无访问权限　　B. 允许改变

C. 允许修改　　D. 完全控制

8. 只有 NTFS 资源的（　　）才具有更改 NTFS 权限的能力。

A. 查看者　　B. 使用者

C. 所有者　　D. 访问者

三、判断题

1. FAT 是指文件分配表，FAT16 是指 16 位的 FAT 文件系统，两者的概念不同。（　　）

2. 在使用 NTFS 文件系统的 Windows Server 2022 网络操作系统中，如果用户对某个文件夹没有访问权限，即使管理员赋予该用户“列出文件夹目录”权限，用户也不能查看该文件夹的目录内容。（　　）

3. 无论是文件还是文件夹，如果用户对它有“完全控制权限”，则其他所有权限也将同时拥有，无须逐一设置。（　　）

4. 在 FAT32 文件系统上使用磁盘配额就可以控制用户使用磁盘空间的大小。（　　）

5. 利用 convert 命令可以将 FAT 文件系统转化为 NTFS 文件系统，而且原有文件不会丢失。（　　）

6. 利用 convert 命令可以将 NTFS 文件系统转化为 FAT 文件系统。（　　）

7. 在 Windows Server 2022 网络操作系统中，如果不使用第三方软件，文件加密只能在 NTFS 分区上实现。（　　）

8. 与 FAT 文件系统相比，NTFS 文件系统有更强大的功能，安全性较高。（　　）

9. 利用 NTFS 权限可以控制用户账户和组对文件夹和个别文件的访问。（　　）

10. 如果为某个用户分配了对某个文件夹的一种 NTFS 权限，同时又为该用户分配了对这个文件夹中某个文件的另一种 NTFS 权限，则文件权限优先于文件夹权限。（ ）

四、名词解释题

1. 文件系统

2. NTFS 文件系统

3. 访问控制列表

五、简答题

1. NTFS 文件系统中的文件标准权限有哪些？各是什么？

2. NTFS 文件系统中文件夹的标准权限有哪些？各是什么？

3. NTFS 文件系统权限规则有哪些？

六、技能操作题

1. 对服务器 NTFS 文件系统中的“D:\abc. txt”文件设置 NTFS 权限，现有 2 个用户账户 user1 和 user2，要求允许 user1 读取文件，允许 user2 修改文件。写出简要的操作步骤。

2. 对服务器NTFS文件系统中的“D:\ABC”文件夹设置NTFS权限，现有2个用户组group1和group2，要求允许用户组group1运行该文件夹内的可执行文件，允许group2组浏览该文件夹的目录内容。写出简要的操作步骤。

任务2 共享权限的设置

一、填空题

1. 网络用户文件夹共享权限共有______、____________和__________三种。

2. __________是Windows Server提供的一种文件共享协议，可以通过网络共享文件夹。

3. 若用户User1对共享文件夹“C:\ABC”的有效共享权限是“读取”，用户User1对此文件夹的有效NTFS权限是“完全控制”，则用户User1对“C:\ABC”的最终有效共享权限是______权限。

二、选择题

1. 如果希望本地的文件资源能够被其他计算机上的用户通过网络访问，必须对这些文件资源设置（　　）。

A. 权限　　B. 共享　　C. 保护　　D. 属性

2.（　　）用户组的成员不能创建共享文件夹用户。

A. Administrators　　B. Server Operators

C. Users　　D. Power Users

3. 共享文件夹权限只在用户通过（　　）访问这个文件夹时起约束作用，如果用户直接登录这个文件夹所在的计算机访问它，则不会受到共享文件夹权限的限制。

A. 计算机　　B. 路由器

C. 网络　　D. 远程访问服务器

4. 一个共享文件夹设置了共享权限和 NTFS 权限后，如果用户想拥有完全控制权限，需要（　　）。

A. NTFS 权限拥有完全控制权限

B. 共享权限拥有完全控制权限

C. NTFS 和共享权限都拥有完全控制权限

D. 以上选项都不对

5. 共享文件夹暴露在局域网中，所有用户都能看到，如果想要将其隐藏，可在共享文件夹名后添加（　　）符号作为结尾。

A. $　　B. *　　C. ！　　D. ？

三、判断题

1. 对共享文件夹进行复制或移动操作时，复制或移动后的文件夹仍然是共享文件夹。（　　）

2. 在一台计算机上，任何用户账户都有权利共享文件夹。（　　）

3. 当用户通过网络访问 NTFS 资源时，会同时受到 NTFS 权限和共享文件夹权限的限制，此时用户的最终访问权限取两者中最高者。（　　）

4. 当用户从本机访问一个文件夹时，共享权限也能正常发挥作用。（　　）

四、名词解释题

资源共享

五、简答题

1. 复制或移动共享文件夹对共享权限有哪些影响?

2. 当一个共享文件夹同时设置共享权限和 NTFS 权限后，有哪些权限规则?

六、技能操作题

将服务器中的“C:\ABC”文件夹设置为共享文件夹，设共享名为“Ceshi”，将其设置为隐藏，并设置用户账户 User1 有读取权限。写出简要的操作步骤。

项目五　DNS 服务器的安装与配置

任务 1　DNS 服务器的安装

一、填空题

1. DNS 是一个分布式数据库系统，它提供将域名转换成对应的__________信息的功能。

2. 全球共有____个根 DNS 服务器。

3. 域名空间由______和__________两部分组成。

4. 中国的顶级域名是______。

二、选择题

1. 网络中的 DNS 服务器构成一个（　　）式域名解析网络。

A. 分布　　B. 集中

C. 关系　　D. 逻辑

2. 在域名中，edu 通常表示（　　）。

A. 商业组织　　B. 教育机构

C. 政府部门　　D. 军事部门

3. 域名系统的主要功能是（　　）。

A. 将域名解析为主机能识别的 IP 地址

B. 管理网络资源

C. 将 MAC 地址转换为 IP 地址

D. 报告网络中的异常和错误

4. 在域名 www.class.com.cn 中，（　　）是主机名。

A. com.cn　　B. class　　C. class.com.cn　　D. www

5. 用于解析域名的协议是（　　）。

A. HTTP　　B. DNS　　C. FTP　　D. SMTP

三、判断题

1. 利用 DNS 服务器，主机不需要知道对应的 IP 地址就能通过域名访问互联网上的其他主机。 （ ）

2. DNS 是网络层协议。 （ ）

3. 非本地的 DNS 服务器一般可分为根 DNS 服务器、顶级 DNS 服务器和权威 DNS 服务器三种。 （ ）

4. 网络中的一台 DNS 服务器出现问题不会影响整个体系。 （ ）

5. 顶级域名 mil 表示该域名属于非军事性政府机构。 （ ）

四、名词解释题

1. 域名解析

2. DNS

3. 根域

五、简答题

1. 简述域名解析的过程。

2. 简述递归查询的工作过程。

3. 简述迭代查询的工作过程。

4. DNS 常见的资源记录有哪些？

六、技能操作题

某公司需要在 Window Server 2022 网络操作系统上配置 DNS 服务，服务器的 IP 地址为 172.16.18.18，主域名为 wxjs.com。写出简要的操作步骤。

任务 2 主 DNS 服务器与辅助 DNS 服务器的配置

一、填空题

1. ________服务器负责维护一个区域的所有域名信息。
2. 辅助 DNS 服务提供的解析结构由________决定。
3. 可以用来检测 DNS 资源创建是否正确的两个命令是__________和________。

二、选择题

1. DNS 服务器中的（　　）记录表示一条主机记录。

A. NS　　B. A　　C. CNAME　　D. MX

2.（　　）命令用于测试网络是否连通。

A. telnet　　B. nslookup　　C. ping　　D. ftp

3. 当主 DNS 服务器出现（　　）时，由辅助 DNS 提供域名解析服务。

A. 故障停止工作　　B. 负载过重问题

C. 被关闭问题　　D. 以上全部

4. 辅助 DNS 服务器配置完成后，默认每隔（　　）自动向主服务器请求执行同步操作。

A. 1 天　　B. 1 周

C. 15 min　　D. 60 min

5. 主 DNS 服务器关闭，辅助 DNS 服务器启用时，使用 nslookup 命令测试目标域名，返回的结果是（　　）信息。

A. 主 DNS　　B. 辅助 DNS　　C. 目标域名　　D. 无法返回

三、判断题

1. 辅助 DNS 服务器中的数据与主 DNS 中的数据一样，既可以进行域名解析，也可以对其进行添加和删除操作。（　　）

2. 在 DNS 中，每个区域可以包含多个子域，子域可以有自己的主机记录。（　　）

3. DNS 采用客户 / 服务器模式，DNS 客户发出查询请求，DNS 服务器响应请求。（　　）

4. DNS 域名空间的层次结构中，允许相同的域名服务器管理域名空间的不同部分。（　　）

四、名词解释题

1. 主域名服务器

2. 辅助域名服务器

五、简答题

1. 主 DNS 服务器的作用是什么?

2. 辅助 DNS 服务器的作用是什么?

六、技能操作题

在公司内部网络部署一台主 DNS 服务器和一台辅助 DNS 服务器，用来保障员工能在内网中使用域名 www.abc.com 访问 OA 系统。写出简要的操作步骤。

计算机	IP 地址	首选 DNS	备选 DNS
DNS1	192.168.10.100	本机	192.168.10.101
DNS2	192.168.10.101	本机	192.168.10.100
OA 系统	192.168.10.110	192.168.10.100	192.168.10.101
客户端	192.168.10.120	192.168.10.100	192.168.10.101

任务 3　委派 DNS 服务器的配置

一、填空题

1. DNS 服务器将某些区域的解析工作委托给其他 DNS 服务器负责，称为____________。

2. 委派 DNS 配置完成后，可使用____________命令进行测试。

3. 委派是____域对____域的一种操作。

二、选择题

1. 关于转发与委派的异同，以下说法中正确的是（　　）。

A. 委派是转发的另一种称呼

B. 启用转发将增加 DNS 的负担

C. 启用委派将减轻 DNS 的负担

D. 启用委派将增加 DNS 的负担

2. 进行委派 DNS 配置后，使用 nslookup 命令进行测试，在命令行中执行命令后，出现（　　）结果，说明委派 DNS 配置成功并已发挥作用。

A. 无法连接

B. 服务器名称

C. 非权威应答

D. 域名对应的 IP 地址

3. 使用 nslookup 命令对域名“www.test.com.cn”的域名解析情况进行测试，正确的命令是（　　）。

A. nslookup www.test.com.cn

B. nslookup (www.test.com.cn)

C. nslookup:www.test.com.cn

D. nslookup

三、判断题

1. 设置委派 DNS 后，即使本地的缓存记录中有相应域名结果，查询请求也会被委派给另外一台 DNS 服务器重新解析。（　　）

2. 设置委派 DNS 可以看作是为主 DNS 服务器分担部分域名解析工作。（　　）

3. 启用委派 DNS 虽然可以提高域名解析效率，但是会加重 DNS 服务器的负担，应根据需要谨慎选用。（　　）

四、名词解释题

1. 委派 DNS

2. 转发 DNS

五、简答题

配置委派 DNS 后，使用 nslookup 命令进行测试时，收到“非权威应答”的返回信息，是否意味着域名解析不安全？为什么？

六、技能操作题

某公司人事部门因业务需求增多，现需在内部网络中一台运行 Windows Server 2022 网络操作系统的服务器上部署委派 DNS，专门用于 hr.abc.com 这个子域下的所有域名解析工作，并将 ftp.hr.abc.com 解析到人事部门内部的 FTP 服务器上。写出简要的操作步骤。

计算机	IP 地址	首选 DNS	备选 DNS
DNS1	192.168.10.100	本机	192.168.10.103
DNS3	192.168.10.103	本机	192.168.10.100
FTP 服务器	192.168.10.111	192.168.10.100	192.168.10.103
客户端	192.168.10.120	192.168.10.100	

项目六　域服务器的安装与管理

任务 1　域控制器的安装

一、填空题

1. 工作组是一群计算机的集合，它仅仅是一个逻辑的集合，工作组的特点是＿＿＿＿＿＿。
2. 域控制器包含了由这个域的＿＿＿、＿＿＿、＿＿＿＿＿＿＿＿等信息构成的数据库。
3. 域控制器是运行＿＿＿＿＿的 Windows Server 2022 服务器。
4. 活动目录有＿＿＿＿和＿＿＿＿＿＿＿＿＿两方面内容。
5. 活动目录提供对企业网络环境的＿＿＿＿管理。

二、选择题

1. 在域中，可以使用（　　）对特定对象进行单独管理。

A. 用户账户　　B. 组织单位

C. 打印机池　　D. WINS 代理

2. 当一台计算机登录到域时，账户和密码的验证工作是由（　　）来服务器完成的。

A. DNS 服务器　　B. 域控制器

C. 本机　　D. Web 服务器

3. 在一个域中，用户账户的最大资源访问范围是（　　）。

A. 成员服务器　　B. 域控制器　　C. 域　　D. 工作站

三、判断题

1. 可以在工作组中的一台 Windows Server 2022 服务器的计算机上安装活动目录。（　　）
2. 计算机要加入域必须得到现有域中的域控制器的认证，每一台计算机在网络域中的名称不唯一。（　　）
3. Windows Server 2022 服务器的域中只能有一台域控制器。（　　）
4. 域比工作组的安全级别高。（　　）

5. 域模式可以用于任何规模的网络环境，而工作组模式适用于比较小的网络环境。（　　）

6. 可以把一台 Windows 计算机同时加入两个域中。（　　）

四、名词解释题

1. 域

2. 域控制器

3. 活动目录

五、简答题

1. 为什么需要使用域?

2. 为什么在域中需要设置 DNS 服务器？

3. 域控制器在域中主要有哪些功能？

六、技能操作题

某公司需要采用域模式来管理公司网络，其域名为“cs.com”。完成域的配置后，将一台客户端加入域中，并利用域控制器对客户端进行管理。写出简要的操作步骤。

任务 2　域用户账户和组的管理

一、填空题

1. 活动目录中的域组分为________和________两种类型。

2. 从组的使用范围来看，活动目录域内的组可以分为__________、________和通用组三种。

3. 系统内置本地域组___________________，成员可以管理域用户和组账户。

4. 系统内置本地域组___________________，成员对计算机 / 域有不受限制的完全访问权。

二、选择题

1. 一个域中无论有多少台计算机，一个用户至少拥有（　　）个域用户账户，便可以访问域中所有计算机上允许访问的资源。

A. 1　　B. 2　　C. 3　　D. 4

2. 在一个域中，用户账户的最大资源访问范围是（　　）。

A. 工作站　　B. 域控制器

C. 成员服务器　　D. 域

3. 在域的活动目录数据库中，管理员可以为用户创建用户账户，这种用户账户只存在于域中，所以被称为（　　）账户。

A. 本地用户　　B. 域用户

C. 计算机　　D. 临时

4. 域模式中的组又称为（　　），存储在域的活动目录中。

A. 广域　　B. 组域

C. 域组　　　　D. 群组

5. 某公司有一些员工在域中只需具备接收和发送电子邮件的权限即可，为了方便管理，网络管理员需要给这些员工创建（　　）账户。

A. 全局组　　　　B. 通用组

C. 安全组　　　　D. 通信组

6. 域中的某用户登录时收到提示信息“你已经被禁用，请和你的管理员联系”，此时，网络管理员应采用（　　）方法解决此问题。

A. 删除此用户，然后重新建立

B. 利用“Active Directory 用户和计算机”工具取消用户锁定

C. 利用“Active Directory 用户和计算机”用户和计算机工具启用此用户

D. 将此用户添加到 Domain Users 组

7. 某公司有销售部和市场部两个部门，在活动目录中相应的组织单位分别是 SALES 和 MARKET。现用户 TOM 从市场部调动到销售部工作，需要将其账户所在组织单位从 MARKET 调整为 SALES，应通过（　　）来实现。

A. 在组织单位 MARKET 中将 TOM 的账户删除，然后在组织单位 SALES 中新建

B. 在操作界面中直接将 TOM 的账户拖动到组织单位 SALES 中

C. 将 TOM 使用的计算机重新加入域

D. 复制 TOM 的账户到组织单位中，然后将 MARKET 中的账户删除

8. 以下关于域组概念的描述中，正确的是（　　）。

A. 只能将同一域内用户加入全局组中

B. 通用组可以包含域本地组

C. 域本地组的用户可以访问所有域的资源

D. 域本地组可以包含其他域的域本地组

三、判断题

1. 在 Active Directory 中，使用通信组可以给共享资源指派权限。（　　）

2. Active Directory 中的通信组不启用安全功能，这意味着它们不能列在随机访问控制列表中。（　　）

3. 所有加入域的计算机都以域控制器上面的账户和安全性为准，同时在登录的计算机上要单独建立本地账户数据库。（　　）

四、名词解释题

1. 域用户账户

2. 域用户组

3. 通用组

五、简答题

1. 全局组可包含哪些成员？可以在怎样的范围内被设置权限？是否可以转换成其他组？

2. 域组和组织单位有何区别?

六、技能操作题

根据公司架构,在域“abc.com”中建立组织结构。公司有总经办、销售部、财务部三个部门,将相应的用户分配到部门,并分配好权限。总经办员工登录时间为 9:00—17:00,销售部员工登录时间为 8:00—23:00,财务部员工登录时间为 9:00—17:00。写出简要的操作步骤。

部门	用户账户名称	用户全名	描述	初始密码
总经办	zhangpeng	张鹏	总经理	Zhang123!
销售部	zhaojie	赵杰	销售部经理	Zhao123!
财务部	liukun	刘坤	财务部经理	Liu123!
财务部	baifeng	白丰	财务部员工	Bai123!
销售部	litao	李涛	销售部员工	Li123!

任务 3 多域的管理

一、填空题

1. 可将多个域组合成一个域树，林是一个或者多个域树通过________形成的集合。

2. 默认情况下，当使用“Active Directory 安装向导”在域树或林根域中添加新域时，系统会自动创建________和________两种默认信任类型。

3. 使用“新建信任向导”可创建________、________、________和________4 种其他信任类型。

4. 域树中的子域和父域的信任关系是________、________，使两个域中的用户账户均有访问对方域中资源的能力。

二、选择题

1. 最简单的域树中只包含（ ）个域。

A. 1　　B. 2　　C. 3　　D. 4

2. 在一个 Windows 域树中，第一个域被称为（ ）。

A. 信任域　　B. 树根域

C. 子域　　D. 被信任域

3. 以下有关 Windows Server 2022 信任关系的描述中，错误的是（ ）。

A. 若域 A 信任域 B，则域 A 中的用户可以访问域 B 中的资源

B. 快捷信任可有效地缩短在同一个林的两个不同树域之间进行身份验证所要经过的路径

C. 每次用户建立新的子域时，在父域和新子域之间就自动建立双向可传递的信任关系

D. 在两个域林之间创建林信任可为任意域林内的各个域之间提供一个单向或双向的不可传递信任关系

4. 默认情况下，（ ）时，操作系统会自动创建双向的可信任传递。

A. 在现有域林中创建新的域树，建立一个新的树根信任

B. 使用外部信任访问域中的资源，或单独（未经林信任连接）的林内某个域中的资源

C. 使用林信任在各个林之间共享资源

D. 使用领域信任建立非 Windows Kerberos 领域和 Windows Server 2022 域之间的信任关系

5. guagnzhou.btc.com 和 shanghai.btc.com 这两个域共同的父域是（　　）。

A. www.btc.com　　B. zhongguo.com

C. gs.btc.com　　D. btc.com

6. 要想在域树中添加一个子域，必须由具有（　　）权限的用户完成。

A. 子域管理员

B. 父域管理员

C. Backup Operators 组成员

D. Account Operators 组成员

三、名词解释题

1. 信任关系

2. 单向委托

3. 双向委托

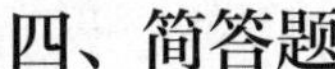

四、简答题

域与域之间创建信任关系的目的是什么?

五、技能操作题

公司网络规划使用 2 棵域树“jiangshu.com”和“guangdong.com”，域树“jiangshu.com”可以访问域“guangdong.com”的资源，但域树“guangdong.com”不可以访问域树“jiangshu.com”的资源，按以上要求完成配置。写出简要的操作步骤。

项目七　DHCP 服务器的安装与配置

任务 1　DHCP 服务器的安装

一、填空题

1. 建立一个 DHCP 服务器时，其 IP 地址一定是_______态地址。

2. 客户端从 DHCP 服务器获取地址是_______态方式。

3. DHCP 服务器具有__________，__________和__________三种 IP 的分配方式。

二、选择题

1. 用于给内部网络或网络服务供应商自动分配 IP 地址的协议是（　　）。

A. HTTP　　B. POP3

C. DHCP　　D. FTP

2. DHCP 选项设置的优先级别最高的是（　　）。

A. 作用域选项　　B. 策略

C. 保留　　D. 服务器选项

3. 下列关于 DHCP 协议的说法中，错误的是（　　）。

A. 客户端从 DHCP 服务器获得的 IP 地址不能永久地使用

B. DHCP 协议的作用是为客户端动态地分配 IP 地址

C. 客户端发送 DHCP Discovery 广播包请求 IP 地址

D. DHCP 协议提供 IP 地址到域名的解析服务

4. 在 Windows 操作系统中，可以通过（　　）命令查看 DHCP 服务器分配给本机的 IP 地址。

A. ipconfig/all　　B. ipconfig/find

C. ipconfig/get　　D. ipconfig/see

5. DHCP 服务器中的各类设置选项中，优先级最高的是（　　）。

A. 保留客户　　B. 类

C. 作用域　　D. 默认服务器

三、判断题

1. DHCP 设计的主要目标是使 TCP/IP 网络的管理易于实现和维护。（　　）
2. DHCP 的主要功能包括自动分配、动态管理和网络参数更新等。（　　）
3. DHCP 的地址分配方式有自动分配、动态分配和手动分配三种。（　　）
4. 当路由器或交换机上的配置发生变化时，需要网络管理员及时修改 DHCP 服务器客户的网络参数，以免造成无法上网的问题。（　　）
5. 在使用 DHCP 服务时，整个网络中应至少有一台服务器上安装了 DHCP 服务。（　　）

四、名词解释题

1. DHCP

2. 作用域

3. 超级作用域

4. 地址池

五、简答题

1. 什么是 DHCP 的动态分配方式?

2. 简述 DHCP 服务器的工作过程。

六、技能操作题

在公司内部安装并配置一台 Windows Server 2022 网络操作系统的 DHCP 服务器，为公司内除服务器以外的所有计算机自动配置 IP 地址、子网掩码、默认网关、DNS 服务

器地址等网络参数，IP 地址分配范围为 192.168.10.2 ~ 192.168.10.250，在 DHCP 中排除 192.168.10.200 ~ 192.168.10.210 和 DNS 服务器 192.168.10.100，配置 DHCP 分配的默认网关为 192.168.10.254，保留 Web 服务器 192.168.10.110。DHCP 服务器地址为 192.168.10.253，子网掩码为 255.255.255.0。写出简要的操作步骤。

任务 2　DHCP 中继代理的配置

一、填空题

1. 符合________________规范的路由器可以将 DHCP 消息转发到不同的网络。

2. 如果路由器不符合 RFC1542 规范，则可用________________做路由。

3. DHCP 中继代理实现了______________的 DHCP 消息传递。

二、选择题

1. DHCP 中继代理适用于（　　）。

A. 单一网段

B. 路由器符合 RFC1542 规范时

C. 路由器不符合 RFC1542 规范时

D. 路由器出现故障时

2. 如果本地和远程都有 DHCP 服务器，则通过（　　）设置可以延迟将信息发送给远程的 DHCP 服务器，从而让同一网络内的本地 DHCP 服务器有机会先响应客户的请求。

A. 跃点计数阈值　　B. 启动阈值

C. DHCP 服务器的 IP 地址　　D. 停止阈值

三、选择题

1. DHCP 信息是以广播方式来进行的，默认情况下，一般不能穿越到不同的网段。（　　）

2. 对于有多个子网的网络，必须在每个子网都部署 DHCP 服务器。（　　）

四、名词解释

DHCP 中继代理

五、简答题

在多个网络中实现 DHCP 服务主要有几种方法？各有什么特点？

六、技能操作题

因公司业务扩大，内网中计算机增多，原有的 IP 地址池已经不能支撑现有的计算机数量，需要对其进行扩大。根据需求，在原有的 192.168.10.0 端网络不变的情况下增加一个网段 192.168.20.0，同时 DHCP 服务由原服务器 192.168.20.253 提供。写出简要的操作步骤。

主机	IP 地址	子网掩码	网关	首选 DNS
原网段计算机	自动获取	—	—	自动获取
新网段计算机	自动获取	—	—	自动获取
路由器网卡 1	192.168.10.254	255.255.255.0	192.168.10.1	192.168.10.100
路由器网卡 2	192.168.20.254	255.255.255.0	192.168.20.1	192.168.10.100
DHCP 服务器	192.168.10.253	255.255.255.0	192.168.10.254	192.168.10.100
中继 DHCP 服务器	192.168.20.253	255.255.255.0	192.168.20.254	192.168.20.100

任务 3 DHCP 超级作用域的配置

一、填空题

1. 超级作用域是由多个作用域组合而成的，它可以用来支持__________的网络环境。

2. Windows Server 2022 的 DHCP 服务器可以通过____________将 IP 地址出租给 Multinets 内的 DHCP 客户端。

3. 需要用到第 2 个网络 ID 的 IP 地址时，可以在______________内建立第 2 个作用域，然后将第 1 个作用域与第 2 个作用域组成一个____________。

4. ____________是一个或多个作用域的管理组合。

5. 超级作用域可以分配与绑定接口的网络地址________的 IP 地址。

二、选择题

1. 通过 DHCP 分配 IP 地址失败时，将自动为客户端分配（　　）段地址。

A. 239.192.X.X

B. 192.168.X.X

C. 10.0.X.X

D. 169.254.X.X

2. 小王在一台运行 Windows Server 2022 网络操作系统的服务器（IP 地址为 192.168.10.168）上安装 DHCP 服务后，创建并激活了作用域。然后在服务器选项中配置路由器选项为 192.168.10.1，在作用域选项中配置路由器选项为 192.168.10.2。当 DHCP 客户端获得该作用域的 IP 地址时，会使用（　　）作为网关地址。

A. 192.168.10.168　　B. 192.168.10.1

C. 192.168.10.2　　D. 192.168.10.0

3. 某公司网络采用一台运行 Windows Server 2022 网络操作系统的服务器提供 DHCP 服务，管理员新建了作用域，并为经理的计算机配置了保留。之后管理员在服务器选项中配置 DNS 服务器地址为 202.96.134.10，默认网关为 192.168.1.254，在作用域选项中配置 DNS 服务器地址为 202.134.125.50，那么，当经理的计算机接入网络时，获得的 DNS 服务器地址和默认网关地址是（　　）。

A. DNS 服务器地址为 202.96.134.10，默认网关为 192.168.1.254

B. 首选 DNS 服务器地址为 202.96.134.10，备用 DNS 服务器地址为 202.134.125.50，默认网关为 192.168.1.254

C. DNS 服务器地址为 202.134.125.50，默认网关为 192.168.1.254

D. DNS 服务器地址为 202.96.134.10，默认网关为空

三、名词解释题

超级作用域

四、简答题

超级作用域主要有哪些作用?

五、技能操作题

公司加强信息化建设后，计算机数量超过了 254 台，在局域网内部安装并配置一台 DHCP 服务器（IP 地址为 192.168.10.253），为公司内除服务器以外的所有计算机自动配置 IP 地址、子网掩码、默认网关、DNS 服务器地址等网络参数。写出简要的操作步骤。

DHCP 网络	网段	子网掩码	网关
网络 1	192.168.10.0	255.255.255.0	192.168.10.254
网络 2	192.168.20.0	255.255.255.0	192.168.20.254

项目八　Web 服务器的安装与管理

任务 1　Web 服务器的安装

一、填空题

1. Web 服务器以______________和______________为基础，为用户提供界面一致的信息浏览系统。

2. 一个 HTTP 的请求必定是由______端发起，由______端回复响应。

3. __________是基于 Windows 操作系统的互联网基本服务，Web 服务是其核心功能之一。

二、选择题

1. Web 客户端与 Web 服务器端之间的信息传输使用的协议为（　　）。

A. HTML

B. HTTP

C. SMTP

D. IMAP

2. 因特网中的主机可以分为服务器和客户端，其中（　　）。

A. 服务器是服务和信息资源的提供者，客户端是服务和信息资源的使用者

B. 服务器是服务和信息资源的使用者，客户端是服务和信息资源的提供者

C. 服务器和客户端都是服务和信息资源的提供者

D. 服务器和客户端都是服务和信息资源的使用者

3. URL 的一般形式为（　　）。

A. <URL 的访问方式 >://< 主机域名 >:< 端口 >/< 路径 >

B. <URL 的访问方式 >:< 主机域名 >:< 端口 >/< 路径 >

C. <URL 的访问方式 >://< 主机域名 >/< 端口 >/< 路径 >

D. <URL 的访问方式 >//< 主机域名 >:< 端口 >:< 路径 >

三、判断题

1. Web 服务主要通过超文本向用户提供网页信息。 (　　)
2. HTTP 服务器在没有接收到请求时会主动发起询问。 (　　)
3. HTTP 规定了客户端和服务器端之间的通信内容。 (　　)

四、名词解释题

1. WWW

2. HTTP

3. URL

五、简答题

1. IIS 主要包括哪些服务内容?

2. 如何确定 IIS 服务安装成功?

六、技能操作题

某公司需要在运行 Windows Server 2022 网络操作系统的服务器（IP 地址为 192.168.10.110）上安装 IIS，要求在客户端上能够访问 IIS 默认首页。写出简要的操作步骤。

计算机	IP 地址	子网掩码	网关	首选 DNS
DNS	192.168.10.100	255.255.255.0	192.168.10.254	本机
OA 系统	192.168.10.110	255.255.255.0	192.168.10.254	192.168.10.100
客户端	192.168.10.120	255.255.255.0	192.168.10.254	192.168.10.100

任务 2 Web 站点的创建与管理

一、填空题

1. 在创建 Web 网站时，需要为其设定________，默认状态下，网站中的所有资源都存放在这个目录中。

2. HTTPS 默认使用的端口是________。

3. Web 浏览器和服务器通过________协议来建立连接、传输信息和终止连接。

二、选择题

1. 用户访问网站时，只输入 IP 地址或域名就能打开主页，而不需要输入完整的 URL 地址，这是因为网站设置了（　　）。

A. 默认文档　　B. 主目录

C. DHCP　　D. DNS

2. Web 服务器默认使用的 HTTP 网页端口一般是（　　）端口。

A. 21　　B. 80　　C. 443　　D. 8081

3. 网站主目录的名称默认为（　　）。

A. rootwww　　B. wwwroot　　C. root　　D. www

三、判断题

1. 通过同一个域名下不同的端口，可以访问不同的网站。（　　）

2. index.htm 是 IIS 默认站点中常见的默认文档。（　　）

3. IIS 站点中的默认文档顺序无法调整优先级。（　　）

四、名词解释

1. 网站主目录

2. 默认文档

五、简答题

IIS 是否支持在单一服务器上架设多个网站？如果支持，是如何实现的？

六、技能操作题

某公司通过运行 Windows Server 2022 网络操作系统的服务器提供 IIS，服务器 IP 地址为 192.168.10.110，现需创建 OA 网站并发布，要求能对网站进行 Web 管理，在客户端上可以通过域名 www.abc.com 访问。写出简要的操作步骤。

计算机	IP 地址	子网掩码	网关	首选 DNS
DNS	192.168.10.100	255.255.255.0	192.168.10.254	本机
OA 网站	192.168.10.110	255.255.255.0	192.168.10.254	192.168.10.100
客户端	192.168.10.120	255.255.255.0	192.168.10.254	192.168.10.100

项目九 FTP 服务器的安装与管理

任务 1 FTP 服务器的安装

一、填空题

1. FTP 的中文全称是____________协议，是用于 TCP/IP 网络及 Internet 的最简单、应用最广泛的协议之一。

2. 把本地计算机上的文件传送到远程计算机上的过程称为________，把文件从远程计算机上复制到本地计算机上的过程称为________。

3. FTP 服务使用________/________模式，连接时，FTP 服务采用__________工作方式。

4. FTP 服务器预置了两个端口，其中端口________用于发送和接收 FTP 的控制信息，端口________用于发送和接收 FTP 数据。

5. 用户登录 FTP 服务器有匿名 FTP 和________两种方式。

6. 匿名 FTP 方式允许任何用户访问 FTP 服务器，无论用户是否拥有该 FTP 服务器的账户，都可以使用__________用户名登录。

二、选择题

1. 以下关于 Windows Server 2022 网络操作系统中 FTP 服务的说法，正确的是（　　）。

A. FTP 服务可以用 IP 及域名限制和证书来保证网站安全

B. FTP 服务不可以与 Web 服务共用同一个 IP 地址

C. FTP 服务要有一个主目录和一个默认文档

D. FTP 服务可以与 Web 服务共用同一个 IP 地址

2. 通过 FTP 服务器不可以实现（　　）功能。

A. 在网络上提供软件下载服务　　B. 在公司内部共享各种制度文件

C. 把网页或者程序上传到 Web 服务器　　D. 浏览网页，查看新闻

3. 关于 Windows Server 2022 网络操作系统自带的 FTP 功能，以下说法中不正确的是（　　）。

A. FTP 功能是 Web 服务器的功能之一

B. 分为 FTP 服务和 FTP 扩展两个子功能

C. 可以从 IIS 管理器打开 FTP 管理界面

D. 可以不安装 IIS，单独安装 FTP 功能

4. FTP 有主动方式和被动方式两种数据传输方式，以下说法中不正确的是（　　）。

A. 在主动方式下，服务端从 20 端口主动向客户端发起连接

B. 无论主动方式还是被动方式，双方完成数据传输后，发送数据的一方都会主动关闭连接

C. 在被动方式下，FTP 服务器收到 Pasv 命令后，随机打开一个端口，并且通知客户端在这个端口上传送数据的请求

D. 被动方式建立控制通道时与主动方式类似

5. 如果是在默认站点里面添加 FTP 服务并发布，那么默认的根目录位置是（　　）。

A. C:\inetpub\ftproot　　　　B. C:\inetpub\myFtp

C. C:\myFtp　　　　D. C:\FtpRoot

三、判断题

1. FTP 服务的主要不足之处是不能在不同类型的计算机之间传送文件。（　　）

2. 目前，绝大多数 FTP 服务器都采用被动模式。（　　）

3. 在 Windows Server 2022 网络操作系统中，安装 IIS 时不会默认安装 FTP 服务，需要手动进行选择。（　　）

四、名词解释题

1. FTP 服务器

2. FTP 主动模式

3. FTP 被动模式

五、简答题

简述 FTP 服务的工作过程。

六、技能操作题

在一台运行 Windows Server 2022 网络操作系统的服务器上架设两个 FTP 站点，两个 FTP 站点采用同一 IP 地址（192.168.100.1）的不同端口，第一个 FTP 站点允许匿名访问，第二个 FTP 站点不允许匿名访问，完成配置并测试这两个站点。写出简要的操作步骤。

任务 2　FTP 站点的安全管理

一、填空题

1. “FTP 请求筛选”设置允许管理员根据需要选择允许或拒绝的______________。

2. “FTP 身份验证”设置是用于设定 FTP 客户端______________的身份验证方法。

3. FTP 用户隔离功能的具体配置方法是在 FTP 目录下建立________文件夹，然后在该文件夹下为每个已存在的用户账户建立同名的文件夹。________文件夹是供匿名用户访问的。

二、选择题

1. 关于 FTP 身份验证和授权规则，以下说法中正确的是（　　）。

A. 禁用匿名身份验证后，必须输入用户名和密码才能访问 FTP

B. 在授权规则中指定多个用户时，应使用顿号作为间隔符

C. 只可以按照账户进行授权

D. 设置写入权限时，必须设置读取权限

2. 关于 FTP 的 IP 地址和域限制，以下说法中错误的是（　　）。

A. 可以添加允许条目　　B. 不可以添加拒绝条目

C. 可以通过特定地址指定　　D. 可以通过 IP 地址范围指定

3.（　　）不属于 FTP 站点的安全设置。

A. 写入　　B. 记录访问

C. 脚本访问　　D. 读取

4. 现有一台运行 Windows Server 2022 网络操作系统的 FTP 服务器，其上创建了一个 FTP 站点，允许用户对站点的内容进行下载操作，站点的主目录位于 NTFS 分区，并已设置这个站点不允许匿名访问。这台 FTP 服务器上有 User1 和 User2 两个用户账户，其中 User1 是 administrators 组的成员，User2 是普通账户。目前，使用 User1 访问 FTP 服务器时没有任何问题，但使用 User2 访问 FTP 服务器时，系统提示登录失败。针对以上问题，应采取的解决措施是（　　）。

A. 设置 FTP 站点允许匿名访问

B. 在主目录文件夹的 ACL 中赋予 User2 读取权限

C. 把 User2 加入 administrators 组中

D. 在 FTP 服务器上激活内置用户账户 IUSR_FTPServer

5. 现有一台运行 Windows Server 2022 网络操作系统的 FTP 服务器，其上创建了一个 FTP 站点，为用户提供文件下载服务。用户使用 FTP 客户端访问时，下载速度非常慢。通过监视发现，其原因是来自某一个 IP 地址的用户长时间访问服务器，现决定暂时停止为该用户提供 FTP 服务以提高对其他用户的服务质量，应采取的解决措施是（　　）。

A. 在 FTP 服务器上设置 TCP/IP 过滤，过滤掉此 IP 地址

B. 在 FTP 服务器上设置另外一个端口提供 FTP 服务

C. 在 FTP 服务器“属性”页“目录安全性”标签上设置拒绝此 IP 地址访问，然后重新启动 FTP 站点

D. 在 FTP 服务器上设置取消匿名用户访问

三、判断题

1. 在 FTP 的安全设置中，限制域名的访问不会消耗服务器的性能。（　　）

2. 设置 FTP 用户隔离后，FTP 用户只能访问属于自己的文件夹，不会影响其他用户的操作。（　　）

3. 在 FTP 目录下建立“LocalUser”文件夹后，可根据需要修改其名称。（　　）

四、名词解释

1. IP 地址和域限制

2. FTP 消息

五、简答题

1. FTP 服务器虚拟目录的作用是什么？

2. FTP 服务器用户隔离的作用是什么？

六、技能操作题

一台运行 Windows Server 2022 网络操作系统的 FTP 服务器在公司域（gs.com）中，有两个域用户 user1 和 user2，完成相关配置，实现用户隔离访问，使用一台客户端登录访问进行测试。写出简要的操作步骤。

项目十　证书服务器的安装与应用

任务 1　证书服务器的安装与配置

一、填空题

1. 数字签名通常利用公钥加密方法实现，其中发送者签名使用的密钥为发送者的________。

2. 身份验证机构的__________可以确保证书信息的真实性，用户的__________可以保证数字信息传输的完整性，用户的__________可以保证数字信息的不可否认性。

3. 认证中心颁发的数字证书均遵循________标准。

4. PKI 的中文名称是________________。

5. ______________专门负责数字证书的发放和管理，以保证数字证书的真实可靠。

二、选择题

1. CA 是（　　）的英文名称缩写。

A. 证书模板　　B. 证书颁发机构

C. 证书吊销列表　　D. 挂起的证书

2. PKI 无法实现（　　）。

A. 身份认证　　B. 确保数据的完整性

C. 确保数据的机密性　　D. 权限分配

3. CA 的主要功能为（　　）。

A. 确认用户的身份

B. 为用户提供证书的申请、下载、查询、注销和恢复等操作

C. 定义了密码系统的使用方法和原则

D. 负责发放和管理数字证书

4. 数字证书中不包含（　　）信息。

A. 颁发机构的名称　　B. 证书持有者的私有密钥

C. 证书的有效期 D. CA 签发证书时所使用的签名算法

5. (   ) 可以部署在非 AD 环境中。

A. 企业根 CA B. 企业从属 CA

C. 独立根 CA D. 从属 CA

三、判断题

1. 企业 CA 必须在拥有活动目录的前提下方可部署。 (   )
2. 独立 CA 无法部署在活动目录环境内。 (   )
3. 企业从属 CA 只能部署在企业根 CA 之下。 (   )
4. CA 证书只要未到期，就可以正常使用。 (   )
5. 企业 CA 和独立 CA 均可以对证书模板进行自定义。 (   )

四、名词解释题

1. CA

2. PKI

五、简答题

1. 非对称密钥的特点是什么？

2. 什么是数字证书?

六、技能操作题

某公司要在内部局域网提供 SSL 网站服务，以便员工能够安全地浏览单位网站，要求在一台安装有 Windows Server 2022 网络操作系统的计算机（IP 地址为 192.168.10.240）上配置证书服务器。写出简要的操作步骤。

计算机	IP 地址	子网掩码	网关	首选 DNS
OA 系统	192.168.10.110	255.255.255.0	192.168.10.254	192.168.10.100
证书服务器	192.168.10.240	255.255.255.0	192.168.10.254	192.168.10.100

任务 2　证书服务的 SSL网站应用与测试

一、填空题

1. ______________协议与 HTTP 协议一样工作在应用层，用于传输网页的超文本信息，不同之处在于传输层使用 SSL 协议。

2. 客户端的浏览器与服务器的网站之间通过 SSL 安全连接进行通信时，网站 URL 的前缀为________________。

3. Web 服务器与客户端都应该信任发放 SSL 证书的____________服务器。

二、选择题

1. 以下关于证书颁发的说法中，正确的是（　　）。

A. 根 CA 和从属 CA 都可以向终端客户颁发证书

B. 根 CA 可以向终端客户颁发证书，从属 CA 不可以

C. 从属 CA 可以向终端客户颁发证书，根 CA 不可以

D. 根 CA 和从属 CA 都不能向终端客户颁发证书

2. SSL 的工作流程包括服务器认证阶段和用户认证阶段，其中（　　）。

A. 服务器认证阶段是可选阶段，而用户认证阶段是必选阶段

B. 服务器认证阶段和用户认证阶段都是必选阶段

C. 服务器认证阶段是必选阶段，而用户认证阶段是可选阶段

D. 服务器认证阶段和用户认证阶段都是可选阶段

3. 关于服务认证阶段的工作过程，以下说法中正确的是（　　）。

A. 客户端将创建好的会话密钥用服务器的公钥加密后传给服务器，服务器利用自己的私钥解密该会话密钥

B. 客户端将创建好的会话密钥用服务器的私钥加密后传给服务器，服务器利用自己的公钥解密该会话密钥

C. 客户端将创建好的会话密钥用服务器的公钥加密后传给服务器，服务器利用自己的公钥解密该会话密钥

D. 客户端将创建好的会话密钥用服务器的私钥加密后传给服务器，服务器利用自己的私钥解密该会话密钥

三、判断题

1. 即使使用企业 CA，且网站与客户端都是域成员，它们也不能自动信任此企业 CA。（　　）

2. 根 CA 一般应直接颁发证书给终端客户。（　　）

3. 对于电子交易平台，必须保证客户端和服务器双方都进行身份验证。（　　）

四、名词解释题

1. SSL 协议

2. HTTPS 协议

五、简答题

1. 简述 SSL 的工作流程。

2. 服务器认证阶段所使用的会话密钥，其安全等级、加密位数和性能之间有什么关系？

六、技能操作题

某公司要在内部局域网提供 SSL 网站服务，以便员工能够安全地浏览单位网站。要求配置证书服务器，用于处理证书申请，在 Web 服务中的 OA 系统里配置 SSL 网站，并确保客户端信任此 CA，能从 CA 获取数字证书并安装，以实现 SSL 安全通信。写出简要的操作步骤。

计算机	IP 地址	子网掩码	网关	首选 DNS
DNS	192.168.10.100	255.255.255.0	192.168.10.254	本机
OA 系统	192.168.10.110	255.255.255.0	192.168.10.254	192.168.10.100
证书服务器	192.168.10.240	255.255.255.0	192.168.10.254	192.168.10.100
客户端	192.168.10.120	255.255.255.0	192.168.10.254	192.168.10.100

项目十一　NAT 服务器和 VPN 服务器的安装与配置

任务 1　NAT 服务器的安装与配置

一、填空题

1. NAT 技术的实现方式有静态 NAT、动态 NAT、________和________等。

2. 静态 NAT 将__________________映射到__________________，是________的映射关系，固定不变。

3. 动态 NAT 将__________________动态地映射到__________________，这种映射是动态的，根据________来分配。

二、选择题

1. 下列有关 NAT 的说法中，不正确的是（　　）。

A. NAT 是英文“网络地址转换”的缩写

B. 地址转换又称地址翻译，用来实现私有地址和公用网络地址之间的转换

C. 当内部网络的主机访问外部网络时，一定不要 NAT

D. 地址转换的提出为解决 IP 地址紧张的问题提供了一个有效路径

2. 在配置完 NAPT 后，发现有些内网地址始终可以 ping 通外网，有些则始终不能，可能的原因不包括（　　）。

A. 网关设置不正确

B. NAT 的地址池只有一个地址

C. NAT 设备性能不足

D. NAT 配置没有生效

三、判断题

1. NAT 的功能是实现地址转换，与网络的安全性和保密性无关。（　　）

2. 利用 NAT 可以解决公共 IP 地址不足的问题。（　　）

四、名词解释题

NAT 服务器

五、简答题

1. NAT 服务器的作用有哪些?

2. 简述 NAT 的工作过程。

六、技能操作题

某公司内网 IP 段为 192.168.100.0/255.255.255.0，有一个公网 IP 202.145.199.1/255.255.255.0，配置 NAT 服务器，使公司内网设备都可以访问外网。写出简要的操作步骤。

任务 2　VPN 服务器的安装与配置

一、填空题

1. VPN 可以使用不同的协议来实现加密和身份验证，最常用的协议是__________、__________、__________和__________等。

2. VPN 的工作过程可以分为三个步骤：__________、__________和__________。

3. 配置 VPN 连接的工作可以大致分为三个步骤：__________、__________和__________。

二、选择题

1. 关于使用 VPN 的优点，下列说法中正确的是（　　）。

A. 可提高网络通信安全性

B. 可实现内部网络的远程访问与协作

C. 可降低网络成本

D. 以上选项都正确

2. 利用 VPN 建立的连接是（　　）的。

A. 临时　　B. 不安全　　C. 固定　　D. 高速

3. 以下关于 VPN 的说法中，正确的是（　　）。

A. VPN 是指用户自己租用线路，与公共网络在物理上完全隔离以确保安全

B. VPN 是指用户通过公共网络建立的临时的、安全的连接

C. VPN 不能实现信息验证和身份认证

D. VPN 只能提供身份认证，不能提供加密数据的功能

三、判断题

1. 虚拟专用网是一种铺设专用线路的特殊网络。（　　）

2. 在 VPN 的数据传输阶段，所有数据都经过加密处理。（　　）

3. 开启 VPN 后，用户家中即使没有公共网络，也可以方便地远程访问公司内网。（　　）

四、名词解释题

1. 虚拟专用网

2. OpenVPN

五、简答题

简述 VPN 处理数据帧的一般步骤。

六、技能操作题

某公司需要员工出差时也可以通过 Internet 远程访问公司内部服务器，安装和配置 VPN 服务器，设置同时最多允许 20 个员工账户访问，并配置一个客户端对服务器进行测试。写出简要的操作步骤。

综合训练（一）

一、填空题（每空 0.5 分，共 10 分）

1. Windows Server 2022 网络操作系统的内置系统管理员账户名为__________。

2. 进入系统登录窗口后，根据系统提示，应按________________键登录系统。

3. 默认情况下，所有计算机都处在名为__________的工作组中。

4. Windows Server 2022 网络操作系统的组是对用户账户进行管理的一种__________。

5. 网络用户文件夹共享权限共有________、________和__________三种。

6. 中国的顶级域名是________。

7. 域名空间由________和________两部分组成。

8. 活动目录有________和______________两方面内容。

9. 建立一个 DHCP 服务器后，其 IP 地址一定是________态的。

10. HTTPS 默认使用的端口是________。

11. FTP 服务器预置了两个端口，其中端口________用于发送和接收 FTP 的控制信息，端口________用于发送和接收 FTP 数据。

12. 数字签名通常利用公钥加密方法实现，其中发送者签名使用的密钥为发送者的________。

13. 静态 NAT 将_____________映射到_____________，是_______的映射关系，固定不变。

二、选择题（每题 2 分，共 20 分）

1.（　　）是部分开放源代码的网络操作系统。

A. Windows Server 2022　　B. Linux

C. Windows Server 2016　　D. UNIX

2. 以下 IP 地址中，与其他选项不属于同一个子网的是（　　）。

A. 192.168.200.100/255.255.255.0

B. 192.168.200.99/255.255.255.0

C. 192.168.101.100/255.255.255.0

D. 192.168.200.200/255.255.255.0

3. 根据 Windows Server 2022 网络操作系统的账户密码规则，当启用密码复杂性要求时，（　　）可以作为账户密码使用。

A. Abc123　　B. 123456　　C. abc123　　D. abcdef

4. Windows Server 2022 网络操作系统支持动态磁盘，以下关于动态磁盘的说法中正确的是（　　）。

A. 跨区卷可以把多个磁盘空间组合起来

B. 带区卷的特点之一是读写速度快

C. 镜像卷的磁盘利用率为 100%

D. RAID-5 卷的磁盘利用率为 50%

5. 在 NTFS 文件系统中，如果用户要删除某个文件，他需要对此文件至少拥有（　　）权限。

A. 读取　　B. 写入

C. 修改　　D. 完全控制

6. 在域名中，edu 通常表示（　　）。

A. 商业组织　　B. 教育机构

C. 政府部门　　D. 军事部门

7. 在域中，可以使用（　　）对特定对象进行单独管理。

A. 用户账户　　B. 组织单位

C. 打印机池　　D. WINS 代理

8. 在 Windows 操作系统中，可以通过（　　）命令查看 DHCP 服务器分配给本机的 IP 地址。

A. ipconfig/all　　B. ipconfig/find

C. ipconfig/get　　D. ipconfig/see

9. Web 服务器默认使用的端口一般是（　　）端口。

A. 21　　B. 443

C. 8081　　D. 80

10. 在配置完 NAPT 后，发现有些内网地址始终可以 ping 通外网，有些则始终不能，可能的原因不包括（　　）。

A. 网关设置不正确

B. NAT 的地址池只有一个地址

C. NAT 设备性能不足

D. NAT 配置没有生效

三、判断题（每题 1 分，共 10 分）

1. 安装网络操作系统的计算机在网络中被称为服务器，它不能作为客户端使用。（　　）

2. 内置的用户账户可以被删除。（　　）

3. 带区卷不具有容错功能。（　　）

4. 利用 convert 命令可以将 FAT 文件系统转化为 NTFS 文件系统，而且原有文件不会丢失。（　　）

5. 利用 DNS 服务器，主机不需要知道对应的 IP 地址就能通过域名的形式访问互联网上的其他主机。（　　）

6. Windows Server 2022 的域中只能有一台域控制器。（　　）

7. 使用 DHCP 服务器时，整个网络中应至少有两台服务器上安装了 DHCD 服务。（　　）

8. HTTP 服务器在没有接收到请求时会主动发起询问。（　　）

9. 企业从属 CA 只能部署在企业根 CA 之下。（　　）

10. 利用 NAT 可以解决公共 IP 地址不足的问题。（　　）

四、名词解释题（每题 2 分，共 20 分）

1. 网络操作系统

2. 密码复杂性要求

3. RAID-5 卷

4. 访问控制列表

5. 主域名服务器

6. 域控制器

7. 超级作用域

8. URL

9. FTP 站点 IP 地址和域限制

10. PKI

五、简答题（每题 4 分，共 20 分）

1. 简述 Windows Server 备份机制提供的两种主要备份方式之间的区别。

2. NTFS 有哪些文件系统权限规则？

3. 域组和组织单位有何区别？

4. 在单一服务器上架设多个网站，可以采取哪些方法?

5. 简述 NAT 的工作过程。

六、技能操作题（每题 10 分，共 20 分）

1. 在一台服务器的本地磁盘 C 盘上启用磁盘配额管理，要求设置完成后，配额状态是“磁盘配额系统正在使用中”，并且能拒绝将磁盘空间分配给超过配额限制的用户，新用户磁盘空间限制为 900 MB，警告等级为 800 MB。对用户账户 CS 设置磁盘配额，大小为 2 GB，磁盘配额警告等级设为 1.8 GB，并使用该账户登录系统测试磁盘配额设置状态。写出简要的操作步骤。

2. 某公司通过运行 Windows Server 2022 网络操作系统的服务器提供 IIS，服务器 IP 地址为 192.168.10.110，现需创建 OA 网站并发布，要求能对网站进行 Web 管理，在客户端上可以通过域名 www.abc.com 访问。写出简要的操作步骤。

计算机	IP 地址	子网掩码	网关	首选 DNS
DNS	192.168.10.100	255.255.255.0	192.168.10.254	本机
OA 网站	192.168.10.110	255.255.255.0	192.168.10.254	192.168.10.100
客户端	192.168.10.120	255.255.255.0	192.168.10.254	192.168.10.100

综合训练（二）

一、填空题（每空 0.5 分，共 10 分）

1. TCP 协议规定每个 TCP 连接都有一个唯一的________和________组合来标识发送和接收的端点。

2. 密码策略中的________________安全设置确定了用户账户密码可以包含的最少字符数。

3. 某服务器使用 5 块硬盘组成 RAID-5 卷，则该服务器磁盘空间有效利用率为________。

4. 在同一 NTFS 分区上将文件移动到新文件夹，在权限上，该文件夹将____________________。

5. DNS 服务的查询方式主要有__________、__________、__________和动态更新。

6. 从组的使用范围来看，活动目录域内的组可以分为下面三种，__________、________和通用组。

7. 如果希望一台 DHCP 客户端总是获取一个固定的 IP 地址，那么可以在 DHCP 服务器上为其设置________。

8. URL 的中文名称为________________________________，其一般形式为____。

9. FTP 用户隔离功能的具体配置方法是在 FTP 目录下建立____________文件夹，然后在该文件夹下为每个已存在的用户账户建立同名的文件夹。__________文件夹是供匿名用户访问的。

10. 动态 NAT 将____________________动态地映射到________________________，这种映射是动态的，根据________来分配。

11. VPN 的工作原理可以分为三个步骤：身份验证、__________和__________。

二、选择题（每题 2 分，共 20 分）

1. 利用 Windows Server 2022 网络操作系统的（　　）管理器可以查看当前硬件驱动是否已正常安装。

A. 磁盘　　B. 设备　　C. 资源　　D. 任务

2.（　　）组代表所有当前网络的用户，包括来自其他域的来宾和用户。

A. Everyone　　B. Users

C. Power Users　　　　D. Guests

3. 要启用磁盘配额管理，Windows Server 2022 网络操作系统中的驱动器必须使用（　　）文件系统。

A. FAT16 或 FAT32　　　　B. NTFS

C. NTFS 或 FAT32　　　　D. FAT32

4. 共享文件夹权限只在用户通过（　　）访问这个文件夹时起约束作用，如果用户直接登录这个文件夹所在的计算机访问它，则不会受到共享文件夹权限的限制。

A. 计算机　　　　B. 路由器

C. 网络　　　　D. 远程访问服务器

5. 以下关于委派 DNS 的说法中，正确的是（　　）。

A. 委派是子域对父域的一种操作

B. 委派是子域之间的一种操作

C. 委派是父域对子域的一种操作

D. 使用委派 DNS 会加重 DNS 的负担

6. 某公司有一些员工在域中只需要具备接收和发送电子邮件的权限即可，为了管理方便，网络管理员需要给这些员工创建（　　）账户。

A. 全局组　　　　B. 通用组

C. 安全组　　　　D. 通信组

7. 通过 DHCP 分配 IP 地址失败时，将自动为客户端分配以下（　　）段地址。

A. 239.192.X.X　　　　B. 192.168.X.X

C. 10.0.X.X　　　　D. 169.254.X.X

8. Web 服务器默认使用的端口一般是（　　）端口。

A. 21　　　　B. 25　　　　C. 80　　　　D. 110

9.（　　）不属于 FTP 站点的安全设置。

A. 写入　　　　B. 记录访问

C. 脚本访问　　　　D. 读取

10. 关于使用 VPN 的优点，下列说法中正确的是（　　）。

A. 可提高网络通信安全性

B. 可实现内部网络的远程访问与协作

C. 可降低网络成本

D. 以上选项都正确

三、判断题（每题 1 分，共 10 分）

1. 安装 Windows Server 2022 网络操作系统的计算机既可以作为服务器，也可以作为客户端。（　）

2. 不能删除计算机中内置的组账户。（　）

3. 镜像卷由两个物理磁盘上的相同大小的可用磁盘空间组成，具有容错功能。（　）

4. 当用户通过网络访问 NTFS 资源时，会同时受到 NTFS 权限和共享文件夹权限的限制，此时用户的最终访问权限取两者中最高者。（　）

5. DNS 域名空间的层次结构，允许相同的域名服务器管理域名空间的不同部分。（　）

6. 所有加入域的计算机都以域控制器上面的账户和安全性为准，同时在登录的计算机上要单独建立本地账户数据库。（　）

7. 对于有多个子网的网络，必须在每个子网都部署 DHCP 服务器。（　）

8. IIS 站点中的默认文档顺序无法调整优先级。（　）

9. 在 FTP 的安全设置中，限制域名的访问不会消耗服务器的性能。（　）

10. CA 证书只要未到期就可以正常使用。（　）

四、名词解释题（每题 2 分，共 20 分）

1. 子网掩码

2. 磁盘配额

3. 资源共享

4. 委派 DNS

5. 双向委托

6. DHCP 中继代理

7. HTTP

8. FTP 被动模式

9. SSL 协议

10. 虚拟专用网

五、简答题（每题 4 分，共 20 分）

1. 简述 Windows Server 2022 网络操作系统的组命名规则。

2. 复制或移动共享文件夹对共享权限有什么影响？

3. IIS 主要包括哪些服务内容?

4. 简述 FTP 服务工作过程。

5. 简述 VPN 处理数据帧的一般步骤。

六、技能操作题（每题 10 分，共 20 分）

1. 某公司人事部门因业务需求增多，现需在内部网络中一台运行 Windows Server 2022 网络操作系统的服务器上部署委派 DNS，专门用于 hr.abc.com 这个子域下的所有域名解析工作，并将 ftp.hr.abc.com 解析到人事部门内部的 FTP 服务器上。写出简要的操作步骤。

计算机	IP 地址	首选 DNS	备选 DNS
DNS1	192.168.10.100	本机	192.168.10.103
DNS3	192.168.10.103	本机	192.168.10.100
FTP 服务器	192.168.10.111	192.168.10.100	192.168.10.103
客户端	192.168.10.120	192.168.10.100	

2. 公司加强信息化建设后，计算机数量超过了 254 台，在局域网内部安装并配置一台 DHCP 服务器（IP 地址为 192.168.10.253），为公司内除服务器以外的所有计算机自动配置 IP 地址、子网掩码、默认网关、DNS 服务器地址等网络参数。写出简要的操作步骤。

DHCP 网络	网段	子网掩码	网关
网络 1	192.168.10.0	255.255.255.0	192.168.10.254
网络 2	192.168.20.0	255.255.255.0	192.168.20.254